BIBLIOTHÈQUE DE L'HORTICULTEUR PRATICIEN

CULTURE

DES

CHAMPIGNONS

AVEC L'INDICATION D'UNE

MÉTHODE NOUVELLE

POUR EN

OBTENIR EN TOUS LIEUX PAR L'EMPLOI DE LA MOUSSE

PAR SALLE

Cinquième Édition. — 2e Tirage

PARIS

LIBRAIRIE CENTRALE D'AGRICULTURE ET DE JARDINAGE

RUE DES ÉCOLES, 62, PRÈS LE MUSÉE DE CLUNY

— Auguste GOIN, éditeur —

CULTURE

DES

CHAMPIGNONS

8.S
7429

CULTURE

DES

CHAMPIGNONS

AVEC L'INDICATION D'UNE

MÉTHODE NOUVELLE

POUR EN

OBTENIR EN TOUS LIEUX PAR L'EMPLOI DE LA MOUSSE

Par SALLE

5ᵉ ÉDITION. — 2ᵉ TIRAGE

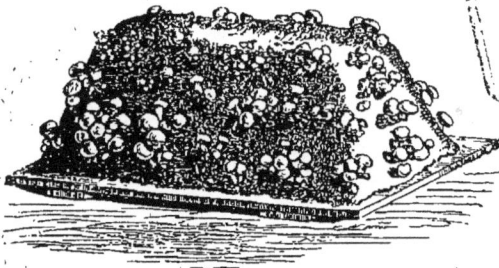

PETITE MEULE PORTATIVE A DEUX PENTES
DÉCOUVERTE EN PLEINE PRODUCTION

PARIS

LIBRAIRIE CENTRALE D'AGRICULTURE ET DE JARDINAGE

RUE DES ÉCOLES, 62, PRÈS LE MUSÉE DE CLUNY

— Auguste GOIN, éditeur —

INTRODUCTION

Les champignons sont, en général, extrêmement variables dans leur forme, leur couleur, etc. Ce sont des plantes parasites qui se développent sur des végétaux vivants, comme le *Bolet amadouvier*, d'où l'on retire l'amadou, qui croît sur le chêne ou le prunier; sur les corps organiques en état de décomposition putride, comme l'*Agaric comestible*, appelé communément *champignon de couche*; enfin à la surface ou même dans l'intérieur de la terre comme la *Truffe*, mais toujours dans des lieux humides et ombragés. Leur accroissement se fait quelquefois avec une rapidité extrême, et leur durée est souvent très courte.

Des champignons se présentent tantôt sous la forme de filaments simples ou compliqués; d'autres fois, ils constituent des tubercules ou des parasols garnis en dessous de lames ou feuillets qui s'étendent du centre à la circonférence, de tubes, de pores ou de stries. Ils sont quelquefois cachés, avant leur développement, dans une espèce de bourse nommée *volva*. Leur tige, pédicule ou pied, terminée par une racine composée de fibrilles, est nue ou entourée d'un collier formé par les débris d'une membrane qui tapisse intérieurement le chapeau. Leur substance, qui *n'est presque jamais verte*, a tantôt la consistance du liège, comme on le remarque dans les champignons vivaces ; d'autres fois elle est molle et mucilagineuse.

Quelques espèces servent à l'alimentation de l'homme ; d'autres, et c'est le plus grand nombre, sont des poisons très substils.

De là, deux grandes divisions :

1° *Champignons comestibles,*

2° *Champignons vénéneux,*

dont nous donnerons un aperçu à la fin de ce volume.

Beaucoup d'amateurs, spéculateurs, etc., se livrent aujourd'hui à la culture du champignon de couche ; chacun met à profit des connaissances acquises, ou suit une immuable routine, d'où il résulte une grande diversité dans les modes de culture et, partant, dans les résultats obtenus. Toutefois, personne n'ose nier la bonté, la succulence et le plaisir que l'on éprouve à goûter de cette plante alimentaire provenant de couche; car on est certain qu'elle n'est jamais vénéneuse.

Pleins de cette douce certitude, que tous fassent des couches; que chacun suive les préceptes enseignés par l'usage; que tous mettent à profit ceux que nous trace une expérience éclairée et dévouée.

CULTURE

DES

CHAMPIGNONS

CHAPITRE PREMIER

Règles générales d'après lesquelles on doit faire les couches.

Choix du lieu. — On peut faire venir les champignons partout, dit M. le baron Vanderlinden d'Hoogsvorst [1] : dans les appartements, les caves, celliers, halliers, cours, remises, jardins, écuries, bergeries, hangars et greniers; tous ces endroits sont très con-

1. Voir, au chapitre VII, la description du procédé de M. le baron Vanderlinden et celui du docteur Labourdette.

venables pour y construire des couches à champignons, suivant les saisons et la température.

Les endroits non pavés sont préférables ; s'ils le sont, on devra, avant tout, y déposer une couche en hauteur de 25 à 30 centimètres de plâtras, mortier de briques ou terre sur une largeur d'environ un mètre.

Avant d'établir la couche, il faut bien niveler le sol, le piétiner pour le rendre dur : quand on aura fait usage de plâtras ou terre, il devra être bien serré, afin d'empêcher les rats, les souris ou mulots, animaux très friands de champignons, d'y faire leurs nids.

Choix du temps. — Le temps le plus propice pour établir une couche à l'air, est le milieu du printemps, pour récolter des champignons en juillet, et le commencement de l'été, pour en avoir en août, septembre. Il faut environ deux mois, à partir du lardage d'une couche, pour commencer la récolte. Cependant il en est qui produisent après un mois, mais ce ne sont pas les meilleurs.

Durée. — Les couches produisent quelquefois pendant deux années. Pour la première année, et pendant les deux premiers mois, elles donnent beaucoup, puis la production se ralentit.

La récolte de la deuxième année est bien minime ; il est préférable de faire de nouvelles couches, le blanc et la terre pouvant servir de nouveau.

Celles qui sont faites dans les caves ou celliers donnent en tout temps ; cependant elles produisent moins en hiver.

On peut refaire une couche sur une ancienne, quoi qu'on en dise, en enlevant toute la partie supérieure jusqu'au fumier qui reste en place, et par-dessus lequel on remet du fumier chaud, des crottins, etc., et l'année suivante, on trouve du blanc dans le fumier qui touche le sol.

Choix des crottins et fumiers. — Le choix

des fumiers et crottins est la base sur laquelle repose une bonne culture de champignons. Les chevaux qui sont nourris exclusivement au foin ou à la paille, ou ceux qui mangent beaucoup de vert, de pommes de terre, carottes, marcs de raisins, féveroles, son, ceux-là donnent un fumier médiocre et même mauvais.

Le meilleur fumier est celui des chevaux mangeant peu de foin, mais beaucoup de paille et d'avoine, et qui travaillent. Plus de temps le fumier restera sous les chevaux, mieux il vaudra, parce que l'urine, le piétinement, la transpiration, la poussière, sont autant de conditions essentielles pour faire du bon fumier.

Si l'on ne peut pas se procurer du fumier ou des crottins de première qualité, il faudra en mettre un sixième en plus, en ayant soin d'y ajouter plus de blanc lors du lardage.

Tous les corps étrangers, tels que foin,

mousse, feuilles, lainages et autres, devront être scrupuleusement extraits du fumier destiné à faire des couches à champignons. Ces précautions sont d'une grande utilité si l'on veut réussir dans cette culture artificielle.

———

CHAPITRE II

Des différentes variétés de couches.

Les couches peuvent se faire avec des crottins secs, avec des crottins auxquels on ajoute du fumier chaud, et enfin avec du fumier d'écurie.

§ 1ᵉʳ. — COUCHES DE CROTTIN SEC, DITES A LA MARCHAND. — Le savant chimiste Marchand a été le premier qui ait démontré à l'Académie des sciences, en 1680, que les champignons se développaient très bien dans le crottin de cheval.

J'ai fait cette expérience à des saisons différentes, et j'ai toujours obtenu des champignons sans addition de blanc, mais ils n'étaient pas si abondants.

Choix et dessication du crottin. — Les crottins de chevaux, d'ânes, de mulets et de moutons sont excellents; mais on emploie plus fréquemment ceux de chevaux, en raison de la facilité que l'on a de se les procurer.

On fait ramasser les crottins tous les jours, quoiqu'on puisse les laisser deux ou trois jours à l'écurie, puis on les fait sécher à l'ombre, à l'abri de la pluie, loin des volailles, etc., etc. Il faut avoir soin de les remuer sans trop les casser, et de ne pas les mettre en couche trop épaisse, pour éviter toute fermentation ou moisissure. Si les crottins sont déposés pour sécher dans un endroit bien aéré, soit grenier, galerie ou hangar, ils sécheront très vite, c'est-à-dire en quinze ou vingt jours, en ne les remuant que quatre à cinq fois.

On peut ramasser les crottins en hiver, la gelée ne leur fait aucun tort. Une fois secs, on peut les conserver longtemps.

Emploi des crottins. — Lorsqu'on veut les employer, ils doivent être ramenés, quoique *bien secs*, à une température de 65 à 75 degrés centigrades. Pour arriver à ce résultat, il faut les étendre sur une épaisseur d'environ 15 centimètres, les arroser légèrement, puis les bien mêler avec une pelle. S'ils ne sont pas assez humides (ne pas confondre avec mouillé), il faudra recommencer l'arrosement avec précaution, de manière qu'ils ne soient qu'humectés. On en fera ensuite un tas auquel on donnera la forme d'un *cône.* Pour faire ce tas, on étend, au milieu du grenier, un premier lit de crottins sur lesquels on marche afin de les bien serrer, puis on en fait un deuxième et un troisième en procédant de la même manière.

En été, les crottins qui sont au grenier auront bientôt acquis le degré de chaleur nécessaire; néanmoins, douze heures après, il faudra les remanier, en reformant le tas de suite. Alors, après le même laps de temps, ils auront acquis une température de 70 à 75 degrés centigrades.

Les crottins, amenés à la température voulue, doivent être employés immédiatement. En conséquence, il faut les étendre sur une épaisseur, pour le premier lit de 7 à 8 centimètres, sur une largeur d'environ 1 mètre et d'une longueur arbitraire ; puis les bien serrer ; ensuite, recouvrir ce lit d'une couche de 3 à 4 cent. d'épaisseur de crottins frais (ils entretiennent la chaleur par leur fermentation), puis, poser dessus le dernier lit, de la même épaisseur que le premier.

Les crottins bien foulés, la couche ne doit pas avoir plus de 16 à 18 cent. d'épaisseur.

J'ai fait, il y a quelques années, dans un grenier, une petite couche avec des restants de crottins et des miettes, d'une surface de 1 mètre 97 centimètres et n'ayant en épaisseur, sur les bords, que 6 centimètres de crottins. Cette couche a parfaitement réussi et a donné abondamment jusqu'au 10 novembre. Elle était isolée du sol par le moyen de planches de sapin, posées sur des tréteaux, ayant un rebord tout autour pour soutenir les crottins. Je recommanderai de ne pas faire de ces sortes de couches si tard ; elles profiteront mieux en les faisant fin mars, avril et mai.

On pourrait, pour gagner de la place, établir dans un grenier une sorte de fruitier, en superposant de tablettes de 1 mètre de largeur et distantes l'une de l'autre d'au moins 60 centimètres, et faire *une couche* sur chacune de ces tablettes.

§ 2. — COUCHES DE CROTTIN AVEC L'EMPLOI DU FUMIER CHAUD. — Elles se font dans les caves, celliers, cours, jardins ou autres *endroits où il y a de l'humidité.*

L'emploi du crottin seul ne convient pas autant : cependant il y a encore des personnes qui conservent cette vieille méthode ; moi-même, je l'ai pratiquée pendant deux années, et j'ai bien réussi ; mais l'expérience m'a fait reconnaître qu'il était préférable d'ajouter du fumier chaud, lequel a deux avantages :

1° Celui d'entretenir plus longtemps la chaleur nécessaire à la production des champignons ;

2° Celui de donner du beau blanc, la deuxième année surtout, si pour le premier lit on se sert de fumier préparé après deux remaniages, ainsi qu'il est dit au § 3 de ce chapitre. Pour les autres lits, si l'on n'a pas assez de fumier, on peut en prendre sous les chevaux ou sur le tas.

Ceci dit, voici comment il faut procéder : On prend du fumier chaud, dont on fait un premier lit d'environ 25 centimètres de hauteur, après toutefois l'avoir bien secoué et étendu comme pour une couche à melon, sur une largeur d'environ 1 mètre et sur la longueur que l'on veut ; puis on foule avec

les pieds. Les deuxième et troisième lits se
feront de même. Après la pose successive
des trois lits, le fumier ne doit avoir que 28 à
30 cent. d'épaisseur sur le devant de la couche, et 35 à 37 contre le mur, en sorte que la
couche soit un peu en plan incliné ou en
talus, ainsi que l'indique la figure ci-dessous.

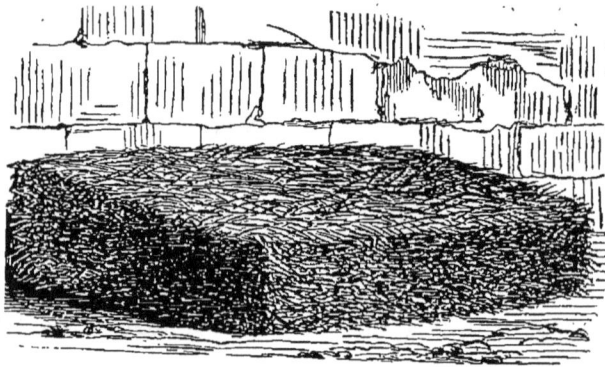

Le fumier chaud arrangé, on placera dessus, à 4 ou 5 centimètres des bords [1], un lit
de crottins d'environ 7 à 8 centimètres d'é-
paisseur, en arrosant légèrement avec un

1. On peut se servir de planches placées aux bords du
devant de la couche et soutenues par des piquets, alors
on pourra mettre les crottins jusqu'aux planches.

arrosoir dont la pomme sera percée de trous
très fins et distancés ; à défaut d'arrosoir,
on se sert d'un balai mouillé que l'on secoue
sur les crottins. Il ne faut environ qu'un
litre d'eau par mètre.

Ensuite on serrera les crottins au moyen
d'une planche sur laquelle on marchera ;
après quoi on posera le deuxième lit de la
même épaisseur, on arrosera et on foulera.

15 centimètres de crottins bien foulés sont
suffisants pour la hauteur ; on peut sans inconvénient en mettre davantage.

Observations. — Une couche dont le fumier
et les crottins ne seraient pas assez serrés,
et qui, par la pression, ferait l'effet d'un som-
mier élastique, ne produirait presque rien ;
les champignons resteraient petits ; sur cinq
cents par mètre, vingt ne viendraient pas à
maturité. C'est pourquoi *il est indispensable
de bien serrer les crottins.*

Si un pareil état de choses se présente, il
ne faut pas craindre de marcher ou fouler la

couche à nouveau, ni d'écraser les petits champignons qui seraient levés ; ensuite on donne un coup de rateau, on arrose légèrement ; deux heures après on taloche. Au bout de six à sept jours, les champignons repoussent très vigoureusement.

§ 3. — Couches avec le fumier de cheval préparé. Méthode de Paris. — Le choix du fumier est, nous l'avons déjà dit, le point de départ, la base, l'essence de toute récolte abondante de champignons, il nous reste à dire comment il faut le préparer.

Préparation et construction des tas de fumier. — Ils se construisent soit sur un fumier, soit sur un sol nu préalablement nivelé et piétiné. Le tas doit toujours avoir au moins un mètre de couche sur un mètre en hauteur, ce qui donnera un mètre cube. Plus le tas est gros, mieux le fumier se prépare.

Les lits de fumier seront de 30 à 35 centimètres en épaisseur ; le premier lit sera établi sur toute la largeur et la longueur qu'il faut au tas, que l'on élèvera carrément en secouant les pailles imprégnées d'urine, et les mélangeant bien avec les crottins.

Il faudra trier avec soin les grandes pailles sèches et tous les corps étrangers, ceux-ci ne produisant pas de champignons.

On foulera avec les pieds le premier lit, car, plus le fumier sera serré, mieux il s'échauffera : et les deuxième, troisième, quatrième, cinquième lits et plus, seront faits de même.

Le tas terminé, on le peignèra tout autour avec la fourche, et tout ce qui sera tiré sera rejeté dessus. S'il n'est pas abrité, il faudra le recouvrir avec du grand fumier ou de la paille pour empêcher la trop grande dessiccation, ou qu'il soit lavé par les grandes pluies. Si les poules ont un accès facile près du tas, il sera bon de l'entourer d'épines, ou, au moins, d'en mettre par-dessus.

On laissera le tas sans y toucher pendant huit à dix jours, puis on lui donnera le premier remaniage. Pour cela, on prendra le dessus du tas à remanier pour former le premier lit du nouveau, puis les côtés, et ainsi de suite, jusqu'à la fin, en ayant soin pour chaque lit de mettre en dedans la surface qui était en dehors, de bien mélanger le tout, et d'étendre les parties sèches ou moisies, puis de les arroser.

Les deuxième et troisième remaniages se font environ à huit ou dix jours d'intervalle, en procédant comme il est dit ci-dessus, et suivant les saisons ; car, en été, six à huit jours sont suffisants. On verra au deuxième remaniage, que déjà le fumier aura changé de couleur, et qu'au troisième, les pailles seront complètement macérées, pourries, et feront corps avec le crottin. Environ six à huit jours après le troisième remaniage, le fumier doit être bon à employer, ce dont on s'assurera en sondant le milieu de la surface supérieure du tas avec une fourche jusqu'à une profondeur de 50 à 60 centimètres. Le fu-

mier retiré de cette profondeur doit être onc-
tueux, donner une chaleur moite et ne plus
rendre d'eau en le comprimant entre les
mains. S'il n'avait pas ces précieuses qualités, il faudrait laisser le tas subsister encore
quelques jours, et s'il y avait encore par trop
d'eau, mieux vaudrait lui donner un quatrième remaniage.

L'appréciation des qualités du fumier sera
bien vite acquise, de même que la préparation du tas, après une assez courte pratique.

Il ne faut pas se rebuter en mettant en ba-
lance le temps nécessaire pour établir, remanier et arroser un tas, avec les produits que
ce fumier devra donner : un homme de peine
ou un garçon de ferme mettra tout au plus
deux heures pour cette opération.

La préparation des crottins, qui paraît plus
simple, demande cependant un temps aussi
long que pour le fumier préparé.

Couche de fumier à l'air libre. — Le fumier réunissant toutes les conditions de réus-

site que nous venons d'indiquer, sera trans-
porté sur le lieu où l'on veut établir les
couches ; on le prendra et placera avec la
fourche, de manière à ce que la couche ait la
forme d'un dos d'âne, qu'elle ait à la base
60 centimètres et la même hauteur. Si l'on
en construit plusieurs, les unes à côté des
autres, comme cela se fait souvent, il faudra
laisser entre chacune d'elles une distance de
45 à 50 centimètres, pour faciliter les soins
à leur donner et pour opérer la cueillette aisément. La longueur des couches sera celle
que l'on voudra, suivant le besoin de la mai-
son ou le produit qu'on en veut tirer.

Le fumier sera placé de manière à ne pas
faire de vides dans l'intérieur de la couche.
Il ne faut jamais arroser le fumier en mon-
tant la couche. Celle-ci terminée, on la pei-
gnera avec la fourche ou avec la main ; on la
battra des deux côtés avec la pelle pour la niveler, et on la laissera dans cet état pendant
six à huit jours. On placera un bâton au mi-

lieu, que l'on retirera de temps en temps pour s'assurer du degré de chaleur intérieure ; lorsqu'on la trouvera douce, on procédera au *lardage*.

J'ai vu à Gentilly, près de Paris, les couches qui remplissent les carrières à ciel couvert, et j'ai été surpris à la vue de l'immense quantité de champignons qui fourmillent dans ces sombres et arides tranchées.

Ce ne sont pas seulement les environs de Paris qui approvisionnent les marchés de la capitale, quoique l'on estime à plus de 120,000 francs le prix des fumiers employés pour cette culture. La dernière statistique évaluait à plus d'un million de francs le prix des champignons vendus à Paris provenant de la banlieue ; à cette somme, il faut ajouter le prix de plus de deux cent cinquante mille manivaux ou paniers, expédiés tous les ans de Paris pour la province.

CHAPITRE III

Emploi de la mousse pour chemise. — Réemploi des crottins et fumiers.

§ 1er. — EMPLOI DE LA MOUSSE POUR CHEMISE. Nous n'avons entendu dire nulle part, ni lu dans aucun ouvrage, que la *mousse* puisse être employée avantageusement comme chemise ou couverture des couches.

Nous croyons donc avoir le droit de revendiquer la priorité de cette découverte, et nous ne craignons pas de proclamer ici, en la préconisant, qu'elle est d'un avantage *immense et incontestable* pour mener à bonne fin une culture de champignons.

La mousse qui croît après les arbres est celle que l'on doit préférer ; elle remplace et procure les deux qualités que renferment les caves, à savoir :

L'obscurité et la fraîcheur.

Elle est préférable à la paille par ce que :

1° Elle ne chancit -pas, tout en maintenant la fraîcheur ;

2° On peut arroser sur cette mousse, ce qui évite l'excès des arrosements ;

3° Enfin, elle peut resservir l'année suivante.

Elle convient pour les couches faites dans les greniers, halliers, hangars et autres endroits les plus desséchants, pour maintenir la fraîcheur et donner de l'obscurité.

Elle ne convient pas tant pour les couches à l'air, à moins qu'elles ne soient bien abritées.

Le 2 août dernier, nous avons enlevé la chemise en mousse sur deux couches en plein rapport, construites l'une sous un hallier, l'autre au grenier ; deux jours après l'enlèvement de la mousse, tous les champignons avaient disparu. La mousse fut remise et arrosée : deux jours plus tard, les champignons étaient repoussés.

C'est là, nous le croyons, un résultat d'une évidence palpable ; avec de la mousse, on peut se passer de caves ou celliers, et je crois que pour éviter l'excès des arrosements et conserver plus longtemps une chaleur de 8 à 10 degrés centigrades, l'emploi en serait également bon pour les couches construites dans ces divers endroits.

§ 2. — RÉEMPLOI DES CROTTINS. — Le champignon est une plante tellement capricieuse, que, quoique sa culture soit connue de presque tout le monde aujourd'hui, les plus adroits, nous-mêmes, pouvons manquer une couche pour des causes indépendantes de notre volonté.

Parfois, cette plante pousse en abondance dans des endroits où l'on a donné aucun soin ; parfois aussi, elle est rebelle aux soins les plus raisonnés et les mieux suivis.

Faut-il donc, dans ce dernier cas, perdre les fumiers ou crottins préparés à grand'peine? Non pas, certes. — Ici encore, nous revendiquons la priorité, car nul autre que nous, que nous sachions, n'a dit et soutenu : *que le fumier ou crottin, provenant de couches non réussies, pouvait être utilisé pour faire une nouvelle couche.* Pour cela, on détruira ce qui était fait ; si c'est du fumier on le secouera bien avec la fourche, l'émiettant, puis on l'exposera à la dessication dans un endroit convenable et à l'ombre.

Lorsqu'il sera à demi sec, on établira une nouvelle couche dont la base sera formée de grand fumier chaud, et par-dessus, on replacera l'ancien fumier. Ici, comme toujours, il ne faudra pas s'éloigner des indications contenues dans le chapitre II, § 3. Puis on posera le blanc.

Si la couche est faite avec des crottins, il

faudra les faire sécher complètement ; et, quand on refera la couche, il faudra n'employer, autant que possible, que les crottins non émiettés.

Nous n'hésitons pas à conseiller cette méthode, que nous avons éprouvée maintes fois et expérimentée, et dont nous avons toujours eu à nous louer.

CHAPITRE IV

Manière pour faire le blanc vierge, le blanc avec de la colombine, le blanc levain et ses variétés.

§ 1ᵉʳ. — BLANC VIERGE. — Pour l'obtenir on prend du fumier préparé, six ou huit jours après le second remaniage, ainsi qu'il est dit au § 3 du chapitre II; puis on fait contre le mur, dans un jardin, en un lieu exposé au nord en été, et où l'on veut au printemps, un trou en terre d'une profondeur de 50 centimètres sur une largeur de 60 à 65 centimètres et d'une longueur arbitraire.

On jette sur la terre, au fond du trou, du crottin sec, ou, à défaut, celui de vieilles couches (si on a des rognures de blanc, cela vaut encore mieux); puis on jette le fumier dans le trou, en ayant soin de le secouer. Le premier lit doit être d'environ 20 à 25 centimètres ; on le foulera avec les pieds, et après, on l'arrosera avec de l'eau dans laquelle on aura délayé au préalable de la matière fécale [1] dans la proportion de 15 litres de matière pour 30 litres d'eau. Si ce mélange ne peut passer par les trous de la pomme d'arrosoir, on prend un balai avec lequel on asperge le fumier.

Il faut 6 à 7 litres d'eau pour chaque lit, si le trou a 2 mètres de longueur. Les deuxième, troisième, quatrième, et cinquième lits, qui n'auront que 20 à 25 cent. en hauteur, se feront comme le premier lit ; en ayant soin, après l'arrosage de chaque lit, d'y jeter, comme il a été dit pour le fond de la couche, des crottins secs, etc.

---

1. C'est le hasard qui m'a fait découvrir que l'on pouvait utiliser avantageusement la matière fécale pour l'arrosage des couches, aussi j'en recommande l'emploi.

Le dernier lit doit faire saillie de 25 cenmètres au-dessus du sol, afin de faciliter les exhalaisons et d'éviter le chancissage proprement dit dans l'intérieur du tas. A partir du mur, le dernier lit doit être fait en talus, de telle sorte que l'écoulement des eaux pluviales soit libre, et qu'elles ne pénètrent pas dans le fumier sur aucun point.

Par-dessus, on mettra 7 à 8 centimètres de terre, et pour ne pas perdre ce terrain, on pourra y semer, soit cerfeuil, avoine ou orge ; il faut douze à quinze mois pour que ce blanc soit bien formé ; si l'on n'est pas trop pressé, on fera bien de le laisser encore plus longtemps.

On enlèvera le blanc par gros morceaux, on le fera sécher dans un grenier *bien aéré et à l'ombre* ; lorsqu'il sera sec, on pourra en faire des galettes ou lardons, mais pas trop minces.

Ce blanc peut se conserver sept à huit ans, et, quoique vieux, il est toujours bon.

2

§ 2. — BLANC DE VIEILLES COUCHES. — J'ai récolté de ce blanc qui se trouvait dans le fumier touchant le sol ; ce fumier n'avait aucune préparation. Il avait été pris sous les chevaux, mais il y avait dix-huit à vingt mois qu'il était à la cave.

Afin d'utiliser le fumier pour couche, nous conseillerons de se servir de fumier préparé comme il est dit au § 3 du chapitre II, et d'en faire deux lits de 10 à 12 centimètres d'épaisseur chacun, avec le même procédé que plus haut ; on pourra achever, si l'on n'a pas assez de ce fumier, avec d'autre pris sous les chevaux ou sur le tas.

Il y a aussi du blanc dans le fumier d'anciennes couches que l'on démonte. Ce blanc est bon, mais ne vaut pas les deux autres. On le conservera comme l'autre après avoir été séché, etc.

§ 3. — BLANC AVEC DE LA COLOMBINE. — Un amateur ayant jeté dernièrement de la colombine sortant du colombier sur un peu de fumier amassé dans un coin du jardin, au nord, y a trouvé cette année du blanc de champignons en abondance.

Un dixième de colombine, mêlé avec neuf dixièmes de fumier préparé, ferait bon effet.

Pour perfectionner ce blanc, il faut opérer comme nous l'avons dit au § 1er de ce chapitre, sans addition de matière fécale, et *le tasser très souvent* avec les pieds.

§ 4. — BLANC LEVAIN. — Il se produit naturellement, sans aucune espèce de préparation ; car, mêlé avec la terre ou terreau de la couche qu'il enlace comme un vaste réseau d'une ténuité extrême, il n'est autre chose que les fibriles multiples de tous les champignons ; il se présente sous la forme de petits filaments blancs, se réunissant les uns avec les autres, s'anastomosant, et auxquels adhèrent quelquefois même de petits champignons.

Ce blanc est bon pour trois à quatre ans, en le prenant d'une couche pour le mettre sur une autre. Si on ne s'en sert pas de suite, il faut le faire sécher.

On le récolte sur couche mêlé à la terre, en le pinçant avec le bout des cinq doigts réunis.

Il se trouve quelquefois dans le manège d'une machine à battre les grains, du blanc formé par les crottins provenant des chevaux travaillant à la mécanique.

Ces crottins, balayés dans les coins du manège avec les pailles, etc., fournissent le blanc.

§ 5. — Méthode du baron Vanderlinden. — « Il faut, dit-il, faire le blanc de champignons dans un endroit couvert, sec, et pas trop aéré. Le coin d'une grange, celui d'un hangar, ou même d'une écurie qui ne serait pas pavée de pierres bleues, sont favorables à son développement. Cette espèce de couche doit se faire dans les premiers jours de mai ; en voici la composition, que l'on peut réduire à de moindres proportions :

« 56 brouettées de fumier frais de cheval, d'âne ou de mulet ;

« 6 brouettées de bonne terre de jardin ;

« 1 brouettée de cendres de bois fraîches qui n'aient pas été lavées ;

« Une demi-brouettée de colombine fraîchement tirée du colombier. Il en faudrait le double si elle était de l'année précédente.

« On arrosera le tout très légèrement avec de l'urine de vache ou du purin de fumier ; à l'aide de la fourche on mélangera le tout, on placera ce fumier le long d'une muraille, et on en fera une couche de 33 centimètres d'épaisseur. La largeur est indéterminée, mais il faut cependant une certaine quantité de fumier réussi pour qu'il s'échauffe légèrement. On le tassera fortement avec les pieds, et, au bout de dix jours, on répétera le tassement qui doit être continué deux ou trois fois par semaine jusque dans les premiers jours de septembre. Alors, on le coupera avec une bonne bêche, par carrés de

33 centimètres environ, et on le mettra sécher dans un grenier ou toute autre place bien aérée, à l'abri du soleil et surtout de l'humidité. On place ces espèces de briques sur le côté, et on les retourne de temps en temps.

« Ce blanc se conserve de dix à douze ans, s'il est placé dans un endroit très sec et où il ne gèle pas fort.

« Il m'est arrivé plusieurs fois de récolter beaucoup de champignons dans le grenier où je fais sécher le blanc ; il en pousse dans les débris abandonnés qui tombent le long de la muraille, et même dans les grandes fentes, entre les planches d'un vieux grenier. »

Observations. — Toutes couches étant égales d'ailleurs, telle produira plus, telle moins, telle autre enfin ne donnera rien du tout. D'où cela provient-il ? Du blanc dont on a fait un choix différent.

Je ne saurais trop engager les amateurs,

et surtout les habitants des campagnes, à faire du blanc vierge de la manière décrite dans les §§ 1 et 3 de ce chapitre, puisqu'il peut se conserver sept à huit ans, et qu'on peut le vendre avantageusement.

Prix de revient. — Un mètre cube de fumier préparé au deuxième remaniage vaut, y compris les crottins, le purin et la main-d'œuvre, 12 francs ; il fournira du blanc pour plus de 70 à 90 francs ; et celui qui le vendra rendra encore service aux amateurs.

En supposant que le mètre de fumier n'ait presque rien produit, il aura toujours une valeur comme engrais.

CHAPITRE V

Prix de revient d'une couche à champignons.

Les couches faites avec des crottins sont les moins coûteuses, attendu que l'hectolitre de crottins ne vaut qu'un franc. Il faut un hectolitre et demi pour un mètre de couche.

Crottins

Pour 3 mètres, 4 hectolitres et demi
à 1 fr. . . . . 4 f. 50 c.
Blanc, 1 fr. par mètre. 3   »
Terre ou terreau. . . . . » 75

A reporter. . . . 8 25

Report. . . . . . . 8 f. 25 c.

Chemise en paille ou grand fumier. . . . . » 75

Main-d'œuvre. 1 50
_____
10 50

A déduire :

Crottins pour engrais. , 1 f. » c.		
A rendre le fumier qui a servi de chemise. . » 75		
Main-d'œuvre si elle est faite par soi-même. . 1 50	7	25
Blanc pour 7 fr. ; on peut en revendre pour. . 4 »		

Reste pour déboursé. . . 3 25

Avec le fumier préparé.

Un mètre cube donne 3 mètres
carrés. . . . . 9 f. » c.
_____
A reporter. . . . . . . 9 »

Report.	9 f.	» c.
Blanc, 1 franc par mètre.	3 f.	»
Construction du tas, remaniage et couche par un homme de peine.	4	»
Terre ou terreau.	»	75
Chemise de grand fumier et paille.	»	75
	17	50

A déduire :

Si la main d'œuvre est faite par soi-même. .	4 f.	» c.
A rendre le fumier qui sert de chemise. . .	»	75
Le fumier, après la récolte, se revend moitié.	4	50
Blanc à prendre pour environ 7 à 8 fr.; à vendre pour.	4	»

13 25

Reste pour déboursé. . . . 4 25

Nota. — Le blanc est toujours recherché et se vend bien. Lorsque l'on en met en abondance sur une couche, c'est plus avantageux.

Il est prudent d'en avoir toujours en réserve.

———

CHAPITRE VI

Pose du blanc ou lardage. — Goptage et talochage.

§ 1er — POSE DU BLANC OU LARDAGE. — Les couches terminées, ainsi qu'il a été expliqué, on doit procéder au lardage ; il peut se faire sans inconvénient sur les couches de 4 à 5 mètres, aussitôt qu'elles sont terminées. Pour celles qui sont plus grandes, il serait prudent d'attendre que le *coup de feu* soit passé, surtout pour celles faites avec du fumier.

On commencera par le bord du devant pour les couches du premier lit. A 5 cent. du bord, on fait avec les doigts, un trou d'environ 3 cent. de profondeur sur 5 à

6 centimètres de largeur ; le trou pourra se faire plus ou moins large, suivant la grosseur des *morceaux, galettes, lardon, mise* ou *levain de blanc* de champignons (Tous ces mots sont synonymes).

On pose la galette dans le trou, et on la recouvre d'un peu de fumier ou de terre si c'est dans le crottin, puis on la serre avec le dos de la main. Le deuxième trou se fait à 25 cent. de distance du premier, sur la même ligne, et ainsi de suite pour les autres trous.

La deuxième ligne se fera à 20 centimètres au-dessus de la première, en échiquier ou quinconce, et ainsi de suite pour les autres.

Les personnes qui auront beaucoup de blanc pourront en mettre davantage, cela ne peut qu'être avantageux:

Si on se sert de blanc *levain* (c'est celui qui est mêlé avec la terre), il faudra faire les trous à l'avance, sur la même ligne, d'une largeur de 7 à 8 centimètres.

On prendra avec les deux mains, au *bout*

des doigts, dans un panier ou corbeille, le blanc *levain*, on le posera dans un trou, puis on serrera avec le dos de la main.

Le crottin provenant des couches où on a levé le blanc *levain* est presque toujours rempli de blanc. On fera bien d'en semer sur la couche après la pose, et s'il était un peu sec, il serait bon de l'arroser légèrement ; après, on taloche toute la couche avec le dos d'une pelle, afin de bien serrer les lardons avec le fumier ou le crottin.

§ 2. — Goptage et talochage. — Après le lardage, beaucoup de personnes, et même des jardiniers, recouvrent la couche d'environ 4 à 5 centimètres d'épaisseur de terre fine ou terreau (ce qui se nomme *gopter*), puis ils la battent légèrement avec le dos d'une pelle (les jardiniers disent *talocher*).

J'ai longtemps suivi cette méthode ; mais l'expérience m'a fait reconnaître qu'il fallait y renoncer et se servir d'une autre couverture nommée *chemise*, composée de grande

paille qu'on étend sur la couche, sans la serrer ; on jette sur cette paille du grand fumier
chaud ou froid, sur une épaisseur d'environ
6 à 7 centimètres. A défaut de grand fumier,
on y mettra plus de paille ; 10 centimètres
sont suffisants.

L'avantage de cette chemise est immense,
attendu que la chaleur se conserve mieux,
et qu'environ dix, douze ou quinze jours
après, on peut s'assurer si le blanc est bien
pris, tandis qu'avec la terre on ne peut s'en
apercevoir que deux ou trois mois après :
alors il n'est plus temps d'y remédier.

Il est important de veiller à ce que la chaleur ne soit pas trop forte ; il faut au plus
44 degrés centigrades dans le milieu (un
peu plus chaud que la température du corps
de l'homme) ; si cette chaleur dépassait, on dé-
couvrirait le haut de la couche, pour donner
un peu d'air, afin de ne pas brûler le blanc.

On s'apercevra que le blanc est pris, si les
filaments blancs s'embranchent les uns dans

les autres, et font corps avec le fumier ou le crottin.

Le blanc une fois pris, on ôtera la chemise, on talochera légèrement la couche avec le dos d'une pelle, ensuite, on mettra sur toute la couche 2 à 3 centimètres d'épaisseur de terre fine *et pas trop fraîche*, ou du terreau, qu'il faudra serrer légèrement avec une planche ou le dos de la pelle. *On pourra alors compter sur une bonne réussite.*

Si, au contraire, les indices de succès ne se manifestaient pas ; si les places où sont posées les galettes ou blanc *levain* ont rougi ou noirci, c'est que le blanc était mauvais ou la chaleur des couches trop forte.

Il faudra de suite se procurer d'autre blanc et en remettre entre les premiers lardons, réchauffer la couche en renouvelant la chemise avec du grand fumier chaud, et rejeter par-dessus celui qui a servi à la chemise primitive.

C'est rare quand on ne réussit pas ; dix,

douze à quinze jours après si le nouveau blanc est pris, on goptera.

Environ quinze jours après le goptage, on verra de petites taches blanchâtres sur la couche ; c'est bon signe : mais il faut surveiller, parce que, si la terre était trop sèche, il faudrait légèrement l'arroser. Si l'on voit courir le blanc, c'est-à-dire étendre sur la couche ses taches blanchâtres, il faudra donner de l'air à la cave ou au cellier.

Pour les couches faites en plein air, la chemise est toujours nécessaire : mais elle devra être assez légère pour ne pas concentrer toute la chaleur du fumier dans la couche, ce qui empêcherait peut-être l'opération de réussir. Il faudra, après le goptage, en remettre une nouvelle, soit en paille, soit avec des paillassons élevés à 6 centimètres de la couche et en pente.

CHAPITRE VII

Procédés divers de culture. — Procédé du baron Vanderlinden. — Procédé du docteur Labourdette. — Procédé de culture sous vitraux. — Culture forcée, procédé de M. Hankin.

§ 1. — Procédé du baron Vanderlinden. — La méthode de M. le baron Vanderlinden, reproduite incomplètement dans ces derniers temps par des journaux agricoles et des ouvrages spéciaux sur la culture des champignons, a été publiée, en juillet 1834, dans le journal *l'Horticulteur belge* ; la voici telle que nous la trouvons décrite dans ce recueil :

« Beaucoup de personnes ont de très jolis meubles qui servent à porter des pots de fleurs ; rien n'empêche que le dessous de ces meubles serve à faire venir des champignons, et de réunir ainsi l'utile à l'agréable. L'expérience que j'en ai depuis deux ans lève à cet égard toute espèce de doutes. J'ai fait faire des tiroirs en bois de sapin recouverts de couleur ; ils remplissent le vide qui se trouve sous les gradins portant des fleurs dans mon appartement, et, moyennant bien peu de soins, et sans jamais la moindre odeur, j'ai le plaisir de récolter tout l'hiver beaucoup de champignons. Je n'emploie en cette circonstance que de la bouse de vache séchée, sans aucun autre fumier, et je la prépare de la manière suivante : après l'avoir fortement humectée avec de l'eau nitrée, je la fais tasser avec les pieds à l'épaisseur de 10 centimètres environ, toujours en y mêlant un peu de terre jetée à la main ; je sème ensuite le blanc, sans le briser trop, avec un

peu de terre et de la bouse de vache, 5 centimètres seulement ; après l'avoir bien tassée,
je couvre le tout de 25 millimètres de terre.
Il est possible que la hauteur de 18 centimètres environ que je donne à cette espèce
de couche ne soit pas nécessaire, mais je ne
l'ai pas essayé avec moins de hauteur.
L'exemple que je viens de citer prouve que
l'on peut avoir des champignons dans les
cages d'escalier et même sous les tables,
dans les cuisines. Lorsque les bacs ou tiroirs
ont cessé de donner, on a soin de récolter
le blanc qu'ils contiennent et qui s'y trouve
en abondance ; il est très bon pour faire de
nouvelles couches.

« Le local le plus avantageux pour avoir
des champignons est bien certainement une
écurie, où la chaleur, égale, douce et vapo-
reuse, doit contribuer au développement du
blanc. Le manque de place est l'obstacle que
l'on rencontre le plus souvent ; mais, par la
manière simple et peu coûteuse que je vais

indiquer, il y a peu d'écuries où l'on ne
puisse établir une ou plusieurs séries de

couches. Je suppose une bibliothèque avec
ses rayons, de la profondeur de 65 centimè-

tres ou moins, selon la place, les rayons séparés de 70 centimètres les uns des autres; une planche de 27 centimètres clouée à la planche qui forme le rayon et figurant un petit bac de la profondeur de 27 centimètres, avec un jour au-dessus de 43 centimètres.

« On remplit ce bac de 16 centimètres de bon fumier de cheval et de 8 centimètres de bouse de vache nitrée; 25 millimètres de terre couvriront le tout. Le jour de 43 centimètres environ est nécessaire pour soigner et arroser. L'appareil se trouve fermé par un rideau de grosse toile se mouvant avec facilité sur une corde ou une tringle en fer.

« De cette manière, on peut avoir 6 couches à champignons dans une hauteur de 4 mètres 55 centimètres : 65 centimètres étant la profondeur, et la largeur étant indéterminée. »

§ 2. — PROCÉDÉ DU DOCTEUR LABOURDETTE. — C'est en septembre 1861 que le docteur Labourdette communiqua à l'Académie des sciences une note résumant son procédé.

M. Labourdette fait naître des champignons en plaçant des spores de ces cryptogames sur une plaque de verre, qui ne contient autre chose que du sable humecté d'eau. Parmi les champignons ainsi développés, il choisit les plus vigoureux, et c'est avec le *mycellium* (partie blanche) de ceux-ci qu'il obtient des champignons de couche pesant en moyenne 600 grammes.

Le terrain dans lequel on répand le *mycellium* de ces champignons, est composé d'une couche de 25 centimètres d'épaisseur de sable et de gravier de rivière, et d'une couche de plâtras de démolition de 15 centimètres d'épaisseur. On sème le *mycellium* dans le sable, et l'on arose avec de l'eau contenant de l'azotate de potasse (nitre ou salpêtre), de manière à distribuer 2 grammes de ce sel par mètre carré de surface du sol.

Six jours suffisent pour le développement

de ces champignons. L'action du salpêtre continue de se faire sentir pendant six mois.

§3. — CULTURE SOUS VITRAUX. — De 1834 à 1841, j'ai fait des couches de champignons dans les couches à melons ; ce sont celles qui au meilleur marché joignent l'avantage de donner pendant trois ou quatre mois.

Lorsque le fumier, les châssis et les vitraux sont posés, on enlève ces derniers, ayant soin de remarquer sur le fumier le milieu de chacun des vitraux. Autour de cette remarque (place où l'on plantera les melons), on fait avec du terreau un cercle qui doit avoir à la base de 30 à 35 centimètres de diamètre et 15 centimètres environ de hauteur.

On placera ensuite les crottins dans l'espace compris entre le terreau où l'on doit planter les melons, en suivant invariablement les mêmes principes que pour les couches à champignons ; ces crottins seront de la même hauteur que le terreau placé pour les melons (15 centimètres). Après les avoir bien

serrés, on donne un léger bassinage ou arrosage, on replace les vitraux pour échauffer
la couche.

Le coup de feu de la couche passé, et les
melons bons à repiquer, on pose le blanc
comme il est dit au § 1ᵉʳ, chapitre VI ; on
arrose légèrement les crottins, puis on les
taloche. Cela fait ou recouvre le tout d'une
couche d'environ 4 centimètres de terreau,
que l'on ratisse et qu'ensuite on serre légèrement avec le dos d'une pelle. La couche à
champignons terminée, on plante ou l'on re-
pique les melons aux endroits réservés. (Si
19 ou 20 centimètres de terreau ne suffisent
pas pour les melons, on peut en ajouter sur
chaque place à melons.)

Comme rien ne peut arrêter ni empêcher
la pousse des champignons sur une couche
faite dans de bonnes conditions, on peut
également semer ou repiquer des replants,
puisqu'il faut au moins deux mois pour que
les champignons produisent.

Si la terre se desséchait trop, il faudrait l'arroser légèrement et à plusieurs reprises, pour ne pas la noyer.

Les amateurs auront du plaisir à voir la quantité de champignons qui pousseront sous les feuilles de melons.

§ 4. — CULTURE FORCÉE. — La méthode que nous donnons ici est due à M. Hankin, jardinier amateur, et nous a été communiquée par M. Bossin.

« Les principales conditions pour réussir dans la culture forcée des champignons sont, dit M. Hankin, la chaleur, la lumière, l'air et une atmosphère humide. En premier lieu, le fumier est recueilli chez moi tel qu'il sort des écuries, et principalement de dessous les chevaux qui reçoivent une nourriture sèche, telle que du grain et du foin. Ce fumier est disposé sous un appentis pour sécher un peu avant d'en former des couches. Mes châssis à fumier portent, à quelque distance du fond, un grillage en bois qui permet à l'air de pénétrer aisément à travers la masse. Sur ce grillage, je répands un peu de foin ou de litière longue, afin d'empêcher que le fumier ne passe à travers les mailles du grillage, et chaque décimètre de fumier que je dépose est battu fortement avec une batte en bois, jusqu'à ce que la masse s'élève à quelques centimètres du bord du châssis. Aussitôt que la température de cette masse s'abaisse à la chaleur convenable, j'introduis de gros fragments de blanc dans la couche, à des distances de 20 centimètres carrés environ. Rarement je me sers de blanc qui ait moins d'une année, et moins il est brisé en petits morceaux, plus j'ai remarqué qu'il fournissait de belles récoltes.

« Huit à dix jours après l'introduction du blanc, je termine mes couches avec du gazon en végétation, sur une épaisseur de 4 centimètres, en donnant à mes couches, dans mes châssis, une épaisseur totale de 22 à 24 centimètres, et je bats le gazon assez fortement avec le plat de la bêche ou de la pelle ; puis je n'ai plus la moindre attention à donner à ces couches, si ce n'est d'entretenir le feu et de veiller au renouvellement de l'air quand cela est nécessaire. La serre est chauffée par des bassins ouverts qui règnent au centre, et où l'eau circule en donnant l'humidité nécessaire au développement et à la puissance des champignons. Pendant la nuit, le gazon se trouve abondamment chargé d'humidité, et si le jour suivant est beau, je n'oublie jamais de donner beaucoup d'air par la porte. La température de la serre est de 15 à 16 degrés centigrades pendant le jour, et la nuit on la laisse tomber souvent à 8 et à 10 degrés.

« Le grand avantage d'élever des champignons sur du gazon se présentera à l'esprit de quiconque connaît cette culture. »

CHAPITRE VIII

Croissance. — Récolte des champignons. — Conservation.

§ 1ᵉʳ. — CROISSANCE. — Lorsque les champignons commencent à pousser, il faudra fermer les portes et soupiraux des caves et celliers, parce que les champignons poussent mieux dans l'obscurité et conservent toute leur blancheur; pour les couches faites ailleurs que dans les caves et celliers, la mousse pour chemise donnera assez d'obscurité. Les champignons de couche naissants sont ronds et en boutons quand ils commencent à pousser ; il sera bon de les couvrir avec de la nouvelle terre pour leur donner plus de consistance et de force ; cette opération sera mesurée par les progrès de la pousse. Cependant il faut avoir soin de ne pas mettre en épaisseur totale plus de 5 centimètres de terre.

§ 2. — RÉCOLTE. — On ne peut pas préciser la grosseur d'un champignon en maturité ; souvent le volume d'un gros champignon ne tient pas à son âge ; s'il est ferme comme le petit, il est excellent. Il y en a de toutes sortes ; ceux de 3 à 4 centimètres de diamètre, ceux plus petits encore, sont préférés. Le champignon qui conserve la rondeur de sa forme est bon ; mais dès qu'il tourne à figurer le tournesol ou la tulipe, il est dangereux. Il ne faut donc pas laisser prendre au champignon tout son développement.

On peut faire la récolte tous les jours, le

matin [1], ou tous les deux jours, suivant la saison. En hiver, il ne faut récolter que tous les quatre ou cinq jours. Il faut prendre le champignon par le pédicule, entre le pouce et l'index, le tourner de droite à gauche ou de gauche à droite, et l'enlever, puis mettre un peu de terre dans le trou.

Il arrive presque toujours qu'en récoltant des champignons, malgré la précaution qu'on y apporte, on en arrache de petits qui sont adhérents aux racines de celui que l'on enlève. Pour ne pas perdre ces petits champignons, il faut les repiquer en faisant sur la couche un petit trou de 3 centimètres de profondeur, les couvrir et arroser; trois semaines après, on peut les récolter.

Il y en a qui poussent par groupes et touffes; il faut en prendre le plus possible, et même en arracher pour repiquer ailleurs,

1. Pour les champignons cultivés en plein air, il faut les récolter par un temps un peu sec et lorsque la rosée est tombée.

parce que cela ruinerait trop vite la couche.

Si la couche vient à ne plus produire autant, il faut donner de l'air aux caves, celliers, etc., puis arroser légèrement et à une
heure d'intervalle. Il faut que la terre soit
imbibée jusqu'au fumier.

§ 3. — CONSERVATION. — « Lorsqu'on veut
avoir des champignons dans toutes les saisons, dit M. Dupuis[1], il y a plusieurs ma-
nières de les conserver. Voici la plus simple
et la plus répandue : Les espèces de petite
ou moyenne taille, telles que les Chante-
relles, les Morilles, les Mousserons, sont
étalées sur une table, dans un lieu sec et
aéré, un peu à l'ombre ; les Bolets et les autres grandes espèces doivent, après avoir été
débarrassés des pédicules et de la membrane
fructifère, être coupés par tranches. On peut
aussi les enfiler avec une ficelle, de manière
qu'ils ne se touchent pas. En les mettant

1. *Traité élémentaire des Champignons comestibles
et vénéneux*, 1854. 1 vol. in-8. Ouvrage épuisé.

dans un four chauffé modérément, on hâte
la dessiccation. Quand les champignons sont
bien secs, on les conserve dans des sacs ou
dans des boîtes, à l'abri de la poussière et de
l'humidité [1].

« Un autre procédé consiste, après les
avoir fait blanchir dans l'eau bouillante, ai-
guisée d'un jus de citron, à les conserver
dans des bocaux pleins d'huile d'olive ou
d'eau salée, ou bien de vinaigre auquel on
ajoute un peu de sel, de poivre et d'ail. »

. . . .

1. Ce procédé de conservation est à peu de chose près
celui décrit dans le *Traité des Jardins, ou le nouveau De
La Quintinye*, par LE BERRYAIS. Seconde partie, *Jardin po-*
« *tager*. Paris, 1775. 1 vol. in-8. Nous copions : « Si la ré-
« colte excède la consommation que l'on peut faire de
« champignons, on peut conserver le surplus. On lave
« bien les champignons ; on les enfile comme des cha-
« pelets ; ou les suspend en un lieu bien aéré jusqu'à ce
« qu'ils soient secs ; ensuite on les enferme dans des boîtes
« ou sacs de papier, et on les tient sèchement. Lorsqu'on
« veut les employer, on les fait tremper quelques heures
« dans de l'eau tiède ; ils reviennent, et sont égaux ou
« très peu inférieurs en bonté à ceux qui sont récemment
« cueillis. »

« Du reste, les champignons préparés comme nous venons de le dire perdent plus ou moins de leur parfum et sont inférieurs aux champignons frais. Leur conservation n'en est pas moins fort commode, et les amateurs sont souvent bien aises d'en avoir des provisions. Depuis quelques années il s'en fait un grand commerce, soit dans les départements, soit à l'étranger.

« Quand on veut se servir de champignons conservés, on les fait revenir en les laissant tremper dans de l'eau tiède ou du lait ; ce dernier est préféré pour les Hydnes, les Clavaires, etc., mais l'eau est meilleure pour les champignons de couche, les Morilles et les Mousserons. »

CHAPITRE IX

Destruction des animaux rongeurs et insectes. — Maladies. — Abus et routine

§ 1. — DESTRUCTION DES ANIMAUX RONGEURS
ET INSECTES. Les *rats*, les *souris* et les *mulots*
sont très friands de champignons, aussi faut-
il les détruire par l'empoisonnement. Pour
cela, on prend chez le pharmacien une pâte
bien affriandée, dans laquelle il entrera du
lard grillé et de la pâte phosphorée ; on fera
de petites boulettes et on les mettra entre
deux tuiles (pour éviter l'approche des chats
ou chiens).

Il faut placer ces tuiles aux abords de la
couche et dessus.

Les *limaces* ou *limaçons* font un tort immense aux champignons en rongeant les plus beaux. Pour les détruire, nous avons employé du son de blé avec succès. Il faut en faire de petits tas de distance en distance aux abords de la couche, et lorsque le temps est à la pluie, le limaçon surtout vient s'y vautrer et ou le prend facilement.

La paille d'avoine hachée bien menue, mélangée avec de la sciure de bois, de la cendre, enfin avec toutes sortes de matières absorbantes, et répandue sur le sol, fait périr tout aussi sûrement ces hôtes destructeurs.

Chacun sait que les limaces et limaçons ont sous le ventre un plan musculaire qui, par ses contractions et l'humeur visqueuse qui s'échappe des pores de la peau, sert à leur reptation : ils ne peuvent avancer qu'en expulsant une partie de cette humeur, dont on voit, après leur passage, un sillon argenté sur le sol.

Or, lorsqu'ils s'engagent sur le sol recouvert avec le mélange que nous venons d'indiquer, la paille hachée s'attache à leur plan locomoteur. L'animal transsude alors de toutes les parties de sa peau pour s'en débarrasser, et, comme le plâtre, la sciure ou la cendre absorbent une plus grande quantité de mucus qu'il ne peut en fournir, et que plus le mucus s'épuise, plus il devient épais et contribue à envelopper l'animal davantage et plus solidement de ces matières, bientôt celui-ci perd ses forces et meurt.

. Les *cloportes*, qui se trouvent généralement dans tous les lieux humides, font également un tort immense aux champignons.

Pour les détruire, on prendra des linges mouillés, on les tordra un peu et on les posera le soir de distance en distance sur la couche. Le lendemain, dès le grand matin, on trouvera sous chaque linge une grande quantité de cloportes que l'on enlèvera et écrasera de suite.

Nous nous sommes bien trouvé de suivre les renseignements donnés par un horticulteur. Il indique de brûler une demi-botte de paille dans la cave, en ayant soin de fermer toutes les ouvertures, et, deux heures après, de rentrer dans la cave, en balayer la voûte et tous les coins, puis l'aire, d'où l'on enlève les ordures. On trouve les cloportes morts dans les balayures.

Les *moucherons* ne mangent pas les champignons, mais ils les tachent. Tout le monde sait qu'ils se brûlent à la chandelle : en conséquence, on pourra en mettre de distance en distance sur la couche, lorsqu'on voudra se débarasser de ces hôtes incommodes.

§ 2. — MALADIES. — Les champignons qui, quoique levés, ne prennent plus d'accroissement et deviennent jaunâtres, sont atteints de la maladie connue sous le nom de *pourriture* ou *molle*. La tête du champignon s'écrase facilement entre les doigts, la chair en est pulpeuse et pâteuse.

Pour remédier à cette altération compro-
mettante, il faut retirer avec la main les
champignons malades et les jeter, puis ôter
la terre ou terreau des places où étaient les
champignons. *Il faut aller jusqu'au fumier
ou crottins*, arroser les vides que l'on a faits
avec une solution de 100 grammes de sel de
nitre pour 2 litres d'eau, puis remettre de la
nouvelle terre en la serrant bien. C'est ainsi
que l'on rétablira promptement une couche
qui menacerait d'étendre cette maladie sur
toute sa surface.

L'excès d'humidité occasionne quelquefois
une maladie à laquelle on donne le nom de
rouille : ce sont des taches brunes qui se
développent sur les champignons.

La pousse intempestive de petits grains
blanchâtres ressemblant à de la semoule,
autour des galettes ou lardons et au bas de
la couche, constitue aussi une maladie que
l'on arrête en retirant exactement tous ces

grains, qui se font remarquer de préférence sur les couches de fumier.

D'après V. Paquet, « le tonnerre ferait beaucoup de tort sur les couches faites en plein air ou sur celles qui sont dans les celliers, halliers, et qui ont des ouvertures du côté d'où vient l'orage [1]. »

Il recommande de boucher toutes les ouvertures, et il ajoute : « Si l'on s'apercevait que le tonnerre et les éclairs ont fait tort aux champignons, il faut sur-le-champ découvrir et remanier la terre et remettre une litière neuve.

§ 3. — ABUS ET ROUTINE. — Croire que l'eau qui a servi à laver les champignons, que leurs épluchures ou leurs racines rejetées

---

[1] Dans son *Traité sur les jardins*, Le Berryais parle de tort causé aux champignons par l'électricité. Voici ce qu'il dit :

« Dans l'été, le tonnerre et les éclairs font périr tous « les champignons naissants. Il faut alors découvrir la meule, remanier la chemise et la terre dont elle est goptée, en retirer tout ce qui est gâté ; quelques jours après, elle recommence à produire. »

sur la couche favorisent la poussse des champignons. — *Abus*.

Dire que couper en biseau et à fleur de terre le pédicule d'un champignon bon à récolter, et que saupoudrer ce qui reste sur la couche reproduira des champignons. — *Abus*.

Penser que semer dans les crottins des bouts de balais de bouleau ou des copeaux, qu'arroser avec de l'eau grasse fait venir plus de champignons. — *Routine*.

CONCLUSION.

Nous avons posé en principe que pour récolter des champignons il faut :

1° Du fumier ou crottin ;

2° Du bon blanc.

Dans les campagnes, presque tous les habitants ont des chevaux, et par conséquent du fumier ; ceux qui n'en ont pas peuvent facilement s'en procurer auprès de leurs voisins ou amis, et le leur rendre pour engrais après la récolte.

Dans les villes, combien de propriétaires de chevaux donnent le fumier pour rien, parce que la place fait défaut pour l'amasser ou que les règlements de police s'y opposent.

Il est donc facile de se procurer partout, et à peu de frais, la matière première.

Les amis du bien-être général prétendent, que si chacun faisait des couches de champignons, le produit de la vente de ceux-ci serait loin de balancer le produit pécuniaire et matériel que donnerait la quantité de fumier employé pour les couches, au lieu d'être utilisé comme engrais.

C'est là une fausse prévision, car le fumier ou crottin provenant de couche peut être employé comme engrais, sans avoir perdu aucune de ses qualités fertilisantes.

Si ce livre atteint le but que je désire, pourquoi tous les cultivateurs, les manou-

vriers, les pauvres même, ne feraient-ils pas
des couches à champignons ?

Si déjà les éléments nécessaires pour les
faire ne font pas défaut, certes on ne peut
opposer à la bonne volonté le manque de
place, puisque, par *l'emploi de la mousse*,
on peut faire des couches n'importe où.

La culture de la pomme terre et autres
légumes est à la vérité lucrative, mais aussi
elle exige, avant tout, la possession de ter-
rains qui coûtent fort cher. Avec les champignons, il n'est pas besoin de sol acquis,
tous les endroits sont bons pour les repro-
duire, et la récolte est beaucoup plus lucrative que celle des autres plantes.

Si jusqu'alors Paris a eu le monopole de
la culture des champignons, si même il en
a envoyé en province, c'est que celle-ci a
été insouciante à ce sujet, c'est qu'elle a
manqué de bonne volonté, c'est qu'elle a
méconnu ou n'a pu savoir les premières
règles de la culture des champignons.

Nous pouvons très facilement soutenir la concurrence, et même vendre à meilleur marché, puisque le tombereau de fumier, qui vaut ici 2 fr. 50, se vend aux environs de Paris 10 francs, différence : trois cents pour cent. La main-d'œuvre est également moins chère en ville et dans les campagnes qu'à Paris et dans la banlieue.

J'aurais pu donner à ce travail moins de développement; mais, pour les personnes peu familiarisées avec la culture des champignons, j'ai dû ne pas m'arrêter si court. Je me résume et je dis :

Il faut faire *sécher les crottins, les arroser légèrement, les mettre en un seul tas ayant la forme d'un cône, bien les serrer; vingt-quatre heures après, les étendre sur une épaisseur de 15 contimètres, longueur et largeur arbitraires. Poser le blanc à 20 ou 25 centimètres de distance, l'enfonçant un peu dans le crottin, le couvrir superficiellement, et le serrer avec le dos de la main ; puis,*

battre légèrement la couche avec une planche
ou le dos d'une pelle, étendre dessus environ
4 centimètres de terre fine, la serrer un peu :
deux mois après, vous aurez des champi-
gnons.

Puisse ce traité, appliqué dans ce qu'il a
de pratique, dessiller les yeux des aveugles,
des récalcitrants et des incrédules , quand
on saura que le champignon de province,
par la fermeté de sa chair, par son goût ex-
quis, est plus estimé à Paris que celui qui y
est cultivé, quand enfin on sera persuadé
des avantages de cette culture, qui rapporte
cinq cents pour cent.

CHAPITRE X

Description de quelques variétés de champignons comestibles et vénéneux, et accidents causés par les champignons vénéneux. — Effets et traitement.

Les champignons sont, à quelques exceptions près, indigestes, et par cela même dangereux ; il y en a qui sont de vrais poisons.

Décrire ici toutes les espèces comestibles serait se charger d'une trop grande responsabilité, surtout en engageant le lecteur à ne rien redouter de telle ou telle espèce, quand nous ne reconnaissons comme seule bonne à manger impunément, que l'espèce dite champignon de couche, ou *Agaric comestible.*

Aussi, pour empêcher de funestes accidents, la police de Paris n'autorise-t-elle sur les marchés que les champignons de couche.

Bien qu'on n'ait pas trouvé de caractères généraux propres à faire distinguer avec certitude les champignons alimentaires des nuisibles, on doit rejeter comme suspects tous ceux qui sont remplis d'un suc laiteux, le plus souvent âcres ; ceux dont l'odeur est vireuse et dont la chair se colore à l'air ; ceux qui ont des couleurs tristes, éclatantes ou bigarrées, et dont la chair est pesante, coriace ou analogue au liège, filandreuse ou très molle ; ceux qui croissent dans les endroits souterrains ou trop humides, sur des débris de substances animales ou végétales en putréfaction ; ceux qui noircissent la lame du couteau avec lequel on les tranche ; ceux

qui brunissent une cuiller d'argent ou d'é-
tain, ou qui donnent une couleur noire à
l'oignon avec lequel on les fait cuire (ce dernier indice n'est cependant pas toujours
exact, car on cite des cas d'empoisonnement
par des champignons cuits avec un oignon
dont la couleur blanche serait restée intacte) ;
enfin ceux que les insectes ont mordus ou
abandonnés.

§ 1er. CHAMPIGNONS COMESTIBLES

Clavaire corail.

Ce champignon, dont les nombreux rameaux semblent former un bouquet de corail, se trouve en automne dans les forêts d'Orléans, de Fontainebleau, de Saint-Germain, et dans les bois de Colombes, Crépey, Méudon , Montmorency , Pont-à-Mousson , Vincennes, etc. Suivant les localités, on le nomme *Barbe-de-bouc, Buisson, Chevaline, Mainotte, Tripette,* etc.

Sa couleur est jaune pâle ; il y en a aussi de blanchâtres et d'un rouge orangé.

Sa chair ferme, cassante, d'une saveur agréable, fournit une nourriture très saine et d'une digestion facile.

Dans les pays où ces plantes croissent en abondance, dit M. Roques [1], on les conserve pour en faire usage pendant l'hiver. On les passe d'abord à l'eau bouillante, et après les avoir bien essuyées, on les fait macérer dans du vinaigre.

1. Toutes les citations que nous ferons d'après M. Roques ont été empruntées au *Nouveau traité des Plantes usuelles*, etc. Paris, 1838, 4 vol. in-8. Ouvrage épuisé.

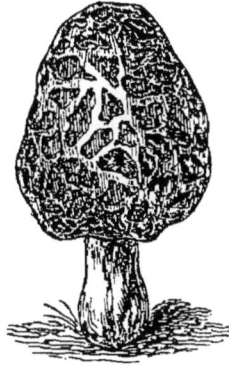

Morille

Ce champignon, dit Letellier, se trouve souvent au printemps dans les bois, au bord des routes, surtout dans les lieux où l'on a fait du charbon ; il dure peu de temps. Comme sa dessiccation est facile, on le conserve toute l'année dans cet état ; il suffit d'en attacher les pédicules avec une corde que l'on tend dans un grenier où l'air circule facilement.

Chapeau de couleur cendrée, brune ou

noirâtre, suivant les variétés, ayant la forme
d'un œuf tout parsemé d'alvéoles sur sa surface.

Pédicule plein, uni, épais, blanchâtre.

Hydne sinué.

Ce champignon, vulgairement appelé *Barbe-de-vache*, *Pied-de-mouton*, *Porte-aiguille*, *Rignoche*, se trouve en automne dans tous les bois des environs de Paris. Il se plaît ordinairement sur les collines ombragées, et il s'y rassemble en si grand nombre, dit M. Roques, que la terre en est couverte.

C'est à tort, dit le même auteur, qu'on a contesté les qualités alimentaires de cette espèce. Sa chair est ferme, d'une blancheur permanente. Lorsqu'on la mâche crue, elle est un peu poivrée, mais ce goût se dissipe par la cuisson. Lorsqu'on veut faire cuire ce champignon, il faut le couper par morceaux, les passer à l'eau bouillante ; on les fait cuire ensuite avec du saindoux, du poivre, du sel, du persil et du bouillon.

Chapeau irrégulier, de couleur blanchâtre ou chamois, garni en dessous d'aiguillons, fragiles, inégaux, d'une teinte un peu plus foncée.

Pédicule blanchâtre, épais, tubéreux à sa base.

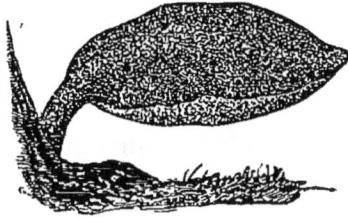

Hypodris hépatique.

Par son volume et sa saveur agréable, dit
M. Roques, ce champignon doit être mis au
nombre des espèces alimentaires les plus
utiles. Un seul individu peut fournir ample-
ment de quoi faire un bon repas ; toutefois,
on recherche de préférence ceux qui ne sont
pas trop développés, comme étant plus tendres
et d'une digestion plus facile. On le trouve
sur les vieilles souches, le plus souvent au
pied des vieux chênes. Il est commun dans la

forêt de Saint-Germain, dans les bois de Marly et de Vaucresson. On le connaît en France sous les noms de *Foie-de-Bœuf, Langue-de-Bœuf, Glu-de-chêne.* Sa substance est épaisse, veinée, rougeâtre, d'un goût un peu acide, sans odeur déterminée ; elle ressemble à la chair ferme des animaux ou à la pulpe de betterave cuite.

Chapeau arrondi, à face supérieure rouge.

Tubes inégaux, séparés les uns des autres, d'abord blancs, puis jaunâtres et comme frangés à leur orifice.

Pédicule très court.

Bolet comestible.

Ce champignon, vulgairement appelé *Bruguet*, *Cep*, *Gyrole*, *Potiron*, est regardé comme un de nos meilleurs champignons. Sa saveur, très agréable, se rapproche de celle de la noisette ; il est si facile à digérer, qu'on peut le manger cru ou à la poivrade. Il s'en fait une grande consommation à l'état frais ou à l'état sec dans le midi de la France.

Il pousse dans les bois, à terre, pendant tout l'été. Les prairies nous offrent souvent, vers la fin de l'été, des individus de cette espèce dispersés çà et là, ou réunis par peuplades plus ou moins nombreuses.

Chapeau large, un peu ondulé sur les bords, de couleur fauve ou rouge-brique, blanchâtre quelquefois, ou plus ou moins brun. Chair ferme et blanche.

Tubes réguliers, très fins, blancs d'abord, jaunes ensuite, ou d'une teinte olivâtre.

Pédicule quelquefois élevé, quelquefois très court, épais, tubéreux, plus ou moins renflé à sa base, de couleur blanchâtre ou fauve.

Chanterelle.

Ce joli champignon, de couleur jaune
d'ocre, se rencontre depuis le mois de juin
jusqu'au mois d'octobre dans les taillis de
Meudon, de Ville-d'Avray, de Saint-Germain,
de Montmorency, etc.

Peu de champignons, dit M. Roques,
offrent autant de sécurité que la chanterelle :
elle est si reconnaissable à son chapeau plus
ou moins jaune et singulièrement contourné,
qu'il est impossible de la confondre avec

d'autres plantes d'une nature vénéneuse. Sa chair est d'ailleurs blanche, cassante, d'une odeur légère de champignon, et d'un goût piquant, mais agréable. Son usage, très répandu maintenant, lui a valu une foule de noms, tels que *Crête-de-coq, Gyrole, Janniotte, Jauniron, Mousseline*, etc.

Chapeau d'abord arrondi et qui en se développant prend la forme d'un entonnoir ; les bords se contournent et ressemblent à une tulipe ou paraissent festonnés.

Pédicule court et charnu.

Agaric aromatique.

Ce champignon ne diffère de l'Agaric mousseron que par la couleur fauve clair ou roux tendre de son chapeau.

Il est commun en Bourgogne, dit M. Roques. On le trouve dans les pacages, le long des haies et au bord des bois, où il vient par groupes de six à huit individus. Ce champignon se montre ordinairement vers la fin de mai, après une douce température. Il se cache sous l'herbe ou dans la mousse, et sans son parfum qui est très volatil, on aurait de la peine à le découvrir. Sa chair est ferme, blanche, et d'un goût très fin.

Chapeau un peu conique en naissant, puis arrondi, légèrement ondulé.

Lames blanches et inégales.

Pédicule blanc, court, épais et tubéreux à sa base.

Agaric comestible.

Ce champignon, de couleur blanchâtre, arrondi en boule à sa naissance, n'est autre que le champignon cultivé sur couche ; il croît naturellement et principalement en automne, sur les pelouses dans les pacages, dans les friches et sur des fumiers en décomposition.

Chapeau lisse, arrondi, d'un blanc jaunâtre, dépourvu de toute espèce de poils.

Lames rosées, qui deviennent noirâtres en

vieillissant, recouvertes en naissant, dit M. Roques, d'une membrane blanche qui se déchire avec le développement du chapeau, pour former une espèce de collier au sommet du pédicule.

Pédicule blanc, cylindrique, plein, charnu, quelquefois tubéreux à sa base.

Agaric mousseron.

Ce champignon, si renommé, se rencontre vers la fin du printemps dans les bois, les friches, les prés montagneux, etc. On le trouve fréquemment dans les bois des départements de l'Est, où il croît par groupes.

Sa chair est blanche ferme et très parfumée. On le conserve desséché.

Chapeau blanc mat ou d'un jaune pâle, lisse et sec à sa surface, charnu, bord un peu replié en dessous.

4

Lames blanches, puis rosées, étroites et nombreuses.

Pédicule plein, court, enflé à la base, de la même couleur que le chapeau.

Agaric oronge.

Ce champignon est le plus en usage dans la consommation après l'Agaric comestible ; il est regardé comme le plus fin, le plus délicat des champignons. Les Romains le connaissaient sous le nom de *Boletus*. Quelques auteurs ont à tort regardé ce champignon comme vénéneux ; ils l'ont certainement confondu avec une variété de la fausse oronge, dont le chapeau n'est point taché par les débris de volva ; mais on ne s'y trompera pas si l'on fait attention que les lames de l'oronge comestible sont constamment jaunes, tandis qu'elles sont blanches dans la fausse oronge et ses variétés.

On le trouve vers la fin de l'été et en automne, dans les taillis, à Fontainebleau, à Meudon, à Ville-d'Avray, et dans le midi de la France.

Dans les premiers jours de sa croissance, il est renfermé dans une volva blanche, sorte de sac de peau ; et lorsqu'elle se déchire, elle reste à la base du pédicule et conserve sa couleur.

Chapeau d'un beau rouge en dehors ou rouge orangé, très légèrement bombé, lisse ; le bord est le plus souvent marqué de stries blanches qui se fendent et se roulent un peu en dessous.

Lames d'une belle couleur jaune.

Pédicule très renflé par la base, jaunâtre au dehors ; blanc au dedans, lisse, et portant un anneau jaune renversé.

Agaric poivré.

Ce champignon, commun dans les bois des environs de Paris au printemps et à l'automne, est d'un goût âcre et poivré. Cuit sur le gril et assaisonné avec de l'huile, du poivre et du sel, son âcreté disparaît. Dans certains pays, dit M. Roques, on le fait sécher après l'avoir coupé par tranches. Ailleurs, on le conserve dans des tonneaux avec du vinaigre et du sel.

Chapeau charnu, de teinte un peu jaunâtre, à bords recourbés en dessous, et dont la partie supérieure centrale est renfoncée en forme d'entonnoir.

Lames très nombreuses, d'abord blanches, ensuite de couleur paille.

Pédicule blanc, plein, cylindrique, presque aussi épais que long.

§ 2. — CHAMPIGNONS VÉNÉNEUX.

Bolet pernicieux

On rencontre fréquemment ce champignon, en été et en automne, dans les allées et et au bord des bois, dans les bruyères, et quelquefois à côté du bolet domestique ; aussi, est-il important d'apporter le plus grand soin dans la récolte que l'on fait de ce dernier. Il est d'autant plus essentiel de signaler ce rapprochement, qu'on pourrait confondre ces espèces, dont les qualités sont si différentes.

La chair du bolet pernicieux est jaune, molle, visqueuse, devenant bleue, brune ou noirâtre aussitôt qu'on la froisse ou la casse. L'odeur qu'elle exhale est forte et très délétère.

Chapeau ample, épais, un peu bombé, à surface un peu cotonneuse, d'une couleur brune ou fauve, quelquefois d'un gris olivâtre ou d'un jaune livide.

Tubes allongés, égaux, jaunes, à orifice rouge.

Pédicule épais, renflé à sa base, marqué dans toute sa longueur de stries rouges.

Agaric bulbeux

Ce champignon, vulgairement appelé
Bonnet-Vert, est le plus vénéneux de toute
la tribu. On le rencontre au printemps et à
l'automne dans les bois ombragés et humides. Son odeur est nauséabonde et son
arrière-goût désagréable, et en vieillissant,
il se décompose et répand une odeur cadavéreuse.

Chapeau convexe, d'un jaune verdâtre,
quelquefois d'un vert olive ou strié de brun

et de vert, surtout vers le milieu, souvent couvert des débris de la volva.

Lames blanches, nombreuses, inégales, larges, surtout au sommet, et ne tenant pas au pédicule.

Pédicule blanc, épais, cylindrique, enflé en forme de bulbe à sa base, entouré par la volva. Au sommet, il est muni d'un anneau large, régulier, jaune ou blanc, humide à sa superficie, ordinairement rabattu.

Agaric couleur de soufre

Ce champignon, qui dans son ensemble a la couleur du soufre fondu, croît ordinairement solitaire dans les bois en été et en automne ; il exhale une odeur nauséabonde.

Chapeau charnu et convexe.

Lames larges, inégales, et plus adhérentes au pédicule.

Pédicule plus élevé que celui de l'Agaric mousseron comestible, plein, cylindrique et un peu renflé par la base.

Agaric fausse oronge.

Champignon très dangereux et très commun, admirable de couleur, de forme élevée et élégante.

La fausse oronge est commune vers la fin de l'été et pendant une partie de l'automne dans les parties ombragées et un peu humides des bois de Meudon, Montmorency, de Verrières, de Vincennes, etc., où on la trouve solitaire, et quelquefois par groupes plus ou moins nombreux.

Chapeau d'un rouge vif, souvent parsemé de petites taches blanches qui ne sont que des débris de la volva ; la surface est luisante, un peu visqueuse ; les bords sont d'un rouge orangé, quelquefois légèrement striés.

Lames d'un blanc de neige.

Anneau humide à sa superficie, ordinairement régulier et rabattu.

Pédicule blanchâtre, renflée à sa base en un bulbe court entouré par la volva ; celle-ci est plus adhérente au bulbe.

Agaric meurtrier.

Ce champignon est très commun en été et en automne dans les bois humides. Lorsqu'on le coupe ou qu'on le brise, il en sort un lait blanc ou jaunâtre d'une saveur brûlante.

Chapeau de couleur vineuse ou de rouille, d'abord arrondi et ensuite convexe, puis se creusant en entonnoir, pelucheux sur les bords.

Lames inégales, blanches.

Pédicule épais, plein et cylindrique.

Agaric sanguin.

Ce beau champignon, plus malfaisant que l'Agaric émétique, est commun dans les bois vers la fin de juillet ; il croît ordinairement au pied des arbres d'une grande élévation. Sa chair est blanche et a une saveur âcre et caustique.

Chapeau d'un rouge cramoisi ou sanguin, d'abord concave, convexe ensuite, avec les bords un peu déjetés, non striés.

Lames épaisses et blanches, quelques-unes bifurquées ou même trifurquées.

Pédicule blanc, épais cylindrique, souvent marqué de stries noires ou roses, devenant brunes en vieillissant.

Agaric vénéneux.

Ce champignon, improprement appelé
Agaric printanier, ayant beaucoup de res-
semblance par sa forme avec l'agaric comestible ou champignon de couche, et surtout
avec la variété connue sous le nom de *Boule-
de-Neige* ou *Blanc-de-Neige*, a donné lieu à
de nombreux empoisonnements. Il est assez
commun en août et septembre dans les bois de
Meudon, de Versailles, de Ville-d'Avray, etc.
Ce champignon exhale une odeur désa-

gréable, et sa saveur, peu sensible d'abord, devient très âcre. En vieillissant, il se décompose et répand une odeur cadavéreuse.

Chapeau d'un blanc mat, visqueux, souvent moucheté de débris de volva légèrement jaunâtres.

Lames blanches.

Anneau à bords entiers.

Pédicule plein, bulbeux à la base et entouré par la volva.

§ 3. — Accidents causés par les champignons
vénéneux ; effets et traitement.

Les accidents causés par les champignons
vénéneux se manifestent plus ou moins
promptement suivant l'âge et le tempérament
des personnes, la nature, la qualité et le
mode de préparation que l'on a fait subir aux
champignons. Mais, le plus souvent, les accidents ne se déclarent, d'après Parmentier,
que dix à douze heures après le repas.
M. Orfila dit qu'il s'écoule presque toujours
de seize à vingt-quatre heures sans qu'on
éprouve aucun symptôme.

Suivant le savant Parmentier, les personnes qui ont mangé des champignons
malfaisants éprouvent tous les accidents qui
caractérisent un poison âcre, stupéfiant,
savoir : des nausées, des envies de vomir,

des efforts sans vomissement, avec défaillance, anxiété, sentiments de suffocation, soif, constriction à la gorge : quelquefois des vomissements fréquents et violents ; selles abondantes, noirâtres, sanguinolentes, avec coliques, ténesme, gonflement douloureux du ventre , d'autres fois, au contraire, il y a suspension de toutes les évacuations.

Bientôt surviennent le vertige, la stupeur, le délire, l'assoupissement, la léthargie, des crampes, des convulsions, le froid des extrémités et la faiblesse du pouls. La mort vient ordinairement terminer en deux ou trois jours cette scène de douleur.

Le premier soin qu'on doit prendre dans tous ces cas, est de hâter la sortie des champignons. Pour cela, on emploie d'abord un vomitif que l'on prépare et qu'on administre de la manière suivante :

Faire dissoudre, dans 500 grammes d'eau chaude, 25 centigrammes d'émétique ordinaire, auxquels on ajoute 15 grammes de sulfate de soude (sel de Glauber)[1], et faire boire à la personne malade cette solution par verrées tièdes, à des intervalles plus ou moins rapprochés, en augmentant les doses jusqu'à ce qu'elle ait des évacuations.

Dans les premiers instants, le vomissement suffit quelquefois pour entraîner tous les champignons, et faire cesser les accidents; mais si les secours convenables ont été différés, il est nécessaire alors d'avoir recours au purgatif, au lavement composé de 63 grammes de casse, 2 grammes de séné, et 16 grammes de sel d'Epsom (*sulfate de magnésie*), que l'on fait bouillir dans un litre d'eau pendant un quart d'heure, pour déterminer des évacuations promptes et abondantes. On emploiera avec succès, comme purgatif, une potion faite avec de l'huile douce de ricin et le sirop de fleur de pêcher, que l'on aromatisera avec quelques

1. L'émétique peut être remplacé par 1 gramme 20 centigrammes d'ipécacuana.

gouttes d'éther alcolisé (liqueur d'Hoff-
mann), et que l'on fera prendre par cuillerées
à des moments plus ou moins rapprochés.

Si l'évacuation n'a pas lieu, on réitère
deux ou trois fois le lavement. Enfin, si,
malgré l'emploi des moyens indiqués, les
champignons ne sont pas évacués, et que la
maladie fasse des progrès, on fait bouillir,
pendant un quart d'heure, 30 grammes de
tabac dans un litre d'eau, on passe et on
donne la liqueur sous forme de lavement ;
presque toujours le vomissement est la suite
de l'emploi de ce médicament.

L'éther à haute dose produit aussi de bons
effets (on peut aller de 4 à 8 grammes en
fractionnant). Le tannin, associé à un peu
de soude ou de savon, peut être employé
avec avantage.

Si le malade est plongé dans une profonde
stupeur, il est utile de lui jeter de l'eau
froide au visage, sur la poitrine et sur le
dos ; il est bon dans ce cas de lui faire pren-

dre une tasse de café très fort. On recommande surtout de n'administrer au malade ni sel ni vinaigre, car ces substances, en dissolvant le corps vénéneux, répandraient le poison avec beaucoup plus de rapidité dans toute l'économie.

Lorsque les évacuations, qui sont d'une nécessité indispensable, seront terminées, il faut, pour calmer les douleurs et l'irritation produites par le poison, avoir recours à l'usage des mucilagineux, des adoucissants, que l'on associe aux fortifiants et aux sédatifs. Ainsi, on prescrira au malade l'eau de riz coupée avec du lait, et à laquelle on ajoutera un peu d'eau de fleurs d'oranger, d'eau de menthe simple et de sirop. On emploie aussi avec avantage, les émulsions, les potions huileuses aromatisées avec une certaine quantité d'éther sufurique. Dans quelques cas, on sera obligé d'avoir recours aux toniques, aux potions camphrées, et lorsqu'il y aura tension douloureuse du ventre, il faudra employer des fomentations émollientes, quelquefois même les bains, les saignées ; mais l'usage de ces moyens ne peut être déterminé que par le médecin, qui les modifie suivant les circonstances particulières ; car l'efficacité du traitement consiste essentiellement, non pas dans les spécifiques ou antidotes dont abuse si souvent le public, mais dans l'application faite à propos de remèdes simples et généralement bien connus.

MANIVEAU DE CHAMPIGNONS.
ANCIEN MODE DE VENTE
REMPLACÉ PAR LA VENTE AU POIDS

TABLE DES MATIÈRES

CHAPITRE VII.

CHAPITRE VIII.

CHAPITRE IX.

CHAPITRE X.

FIN DE LA TABLE DES MATIÈRES.

Tours, imp. Deslis Frères, 6, rue Gambetta.

LE NOUVEAU
JARDINIER ILLUSTRÉ

1 vol. in-18 de 1800 pages

ORNÉ DE 500 GRAVURES DANS LE TEXTE

Dessinées par MM. COURTIN, FAGUET et RIOCREUX

PRIX *franco* : **7 FRANCS**

On trouve dans cet ouvrage :

Le *Calendrier des travaux* à faire chaque mois ;
Des *Notions* élémentaires de botanique ;
La *Multiplication* et l'élevage des plantes ;
La *Description* et l'usage des instruments de jardinage ;
La *Description* et la destruction des animaux nuisibles ;
Les *Maladies* des végétaux et leur traitement ;
Un *Dictionnaire* des principaux termes techniques employés en
    jardinage ;
La *Construction* des serres et abris ;
Le *Chauffage* des serres ;
La *Culture* et la taille des arbres fruitiers ;
La *Culture* ordinaire, hâtée et forcée des légumes ;
La *Culture* des fleurs de pleine terre, annuelles, bisannuelles et
    vivaces ; des plantes de serre froide et de serre chaude ;
La *Liste* des horticulteurs français et étrangers, avec l'indication
    des plantes qu'ils cultivent spécialement.

Toutes ces questions ont été traitées par :

MM. HÉRINCQ, attaché au Muséum d'Histoire naturelle ;
    LAVALLÉE, membre de la Société de Botanique ;
    NEUMANN, chef des Serres du Muséum ;
    COURTOIS-GÉRARD, PAVARD, BUREL et CELS, horticulteurs.

Tous ces noms, connus et appréciés du monde horticole,
sont une garantie de l'exactitude des descriptions et des
procédés culturaux.

EXTRAIT DU CATALOGUE GÉNÉRAL DE LA LIBRAIRIE

ANANAS A FRUIT COMESTIBLE. — Culture actuelle comparée à l'ancienne culture, suivie d'une notice sur la culture forcée du fraisier, par GONTIER. 1 vol. in-32, orné de 13 fig. dans le texte et hors texte. 3 fr.

ASPERGE. — Culture ordinaire et forcée ; semis, plantation et cueillette, par LEBŒUMMARD, 2e édition. 1 vol. in-18, orné de 7 fig. et d'un plan d'aspergerie de 800 griffes. 1 fr.

BOUTURER, GREFFER, MARCOTTER ET SEMER. — (*Guide pour*) les plantes d'ornement, annuelles ou vivaces, arbres et arbustes, extrait en partie du *Jardin fleuriste*, par LEMAIRE, LEQUIEN, le vicomte DU BUYSSON, etc. 2e édit. In-18 orné de 35 fig.

CACTÉES. — Leur culture, suivie d'une description des principales espèces et variétés, par PALMER. 1 vol. in-18, orné de 33 fig. 2 fr.

CANNA. — Histoire, culture et multiplication, suivies d'une monographie des espèces et des variétés principales, par CHATÉ. 1 vol. in-32, orné d'une fig. hors texte. 1 fr. 50

CHAMPIGNONS COMESTIBLES ET VÉNÉNEUX DE FRANCE. — Guide pour les reconnaître, par ELOFFE. 1 vol. in-32, orné de 11 planches coloriées donnant la figure de 114 champignons. 5 fr.

CINÉRAIRES. — Culture et multiplication, par CHATÉ. 1 vol. in-32, orné d'une figure hors texte. 50 c.

FLEURS DE PLEINE TERRE ET DE FENÊTRES. — Conseils sur leur culture, par le comte de LAMBERTYE. 2e édit. 1 vol in-18. 1 fr.

FRAISIER. — Sa culture en pleine terre suivie d'un choix des meilleures variétés à cultiver, par le comte DE LAMBERTYE. 1 vol. in-18. 1 fr.

FUSCHIA (*Histoire et culture du*), suivies de la description de 540 espèces et variétés, par F. PORCHER. 1 vol. in-18. 4e édit. 2 fr.

GRAMINÉES. — Choix et culture des graminées propres à l'ensemencement des pelouses et des prairies, par COURTOIS-GÉRARD. 1 vol. in-32, orné de 19 figures hors texte. 1 fr.

LANTANAS. — Culture et multiplication, par CHATÉ. 1 vol. in-32, orné d'une figure hors texte. 50 c.

LÉGUMES EN PLEINE TERRE OU SANS ABRIS. — Semis et culture, par le comte DE LAMBERTYE. 5e édit. 1 vol. in-18 orné de figures. 1 fr.

LÉGUMES ET FLEURS. — Leur culture sous un, deux ou trois châssis, pendant les douze mois de l'année, par le comte DE LAMBERTYE, 2e édit. 1 vol. in-18. 1 fr.

MELON : *Concombre vert long ; Concombre cornichon ; Courge à la moelle et Potiron vert d'Espagne.* — Conseils sur leur culture à l'air libre, par le comte DE LAMBERTYE. 1 vol. in-32, orné de fig. indicatives pour les tailles. 1 fr.

PHLOX. — Culture et multiplication, par LIERVAL. 1 vol. in-32, orné de 5 figures hors texte.

PLANTES AQUATIQUES. — Multiplication et culture, par HÉLYE. 1 vol. in-32, orné de 10 gravures dans le texte et hors texte. 1 fr. 50

PLANTES MOLLES DE PLEINE TERRE : *Pétunia, Géranium, Pensée, Verveine, Héliotrope.* Culture pratique par le vicomte F. DU BUYSSON. 1 vol. in-18, figures. 1 fr. 50

ROSIER. — Culture, multiplication et tailles, par un amateur. 1 vol. in-18, orné de 38 figures. 1 fr. 50

ROSIÉRISTE. — Aide-mémoire pour les soins à donner aux rosiers forcés et de pleine terre, pendant toute l'année. In-18 50 c.

VERVEINES. — Culture et multiplication, par CHATÉ. 1 vol. in-32, orné de 2 figures hors texte. 50 c.

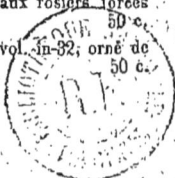

BIBLIOTHÈQUE DE L'HORTICULTEUR PRATICIEN

Ananas à fruit comestible. — Culture actuelle comparée à l'ancienne culture, suivie d'une notice sur la culture forcée du fraisier, par GONTIER. 1 vol. in-32, orné de 13 fig. dans le texte et hors texte. . . . . 3 fr.

Arbres fruitiers (*Conseils sur le choix, la culture et la taille des*), pouvant convenir aux provinces du nord, de l'est, de l'ouest et du centre de la France, par le comte DE LAMBERTYE. 1 vol. in-18, orné de 33 grav. dans le texte. . . . . 1 fr.

Asperges (*Semis, plantation et culture des*), par BOSSIN, 4ᵉ édit. 1 vol. in-18, orné de fig. dans le texte. . . . . 1 fr.

Botaniste et herboriste (*Petit Manuel du*), donnant la description de 220 plantes officinales, suivie de principes de médecine, de pharmacie, d'hygiène et d'économie domestique, etc., par L. T. F. M. et P. M. 3ᵉ édit. 1 vol. in-18, orné de 150 fig. dans le texte. 2 fr. 50

Bouturer, greffer, marcotter et semer (*Guide pour*) les plantes d'ornement, annuelles, vivaces, arbres et arbustes, etc., extrait en partie du JARDIN FLEURISTE, par Ch. LEMAIRE et LEQUIEN, 3ᵉ édit. In-18, orné de 35 fig. dans le texte. . . . . . 1 fr.

Cactées. — Leur culture, suivie d'une description des principales espèces et variétés, par PALMER. 1 vol. in-18, orné de 33 fig. dans le texte. . . . . 2 fr.

Champignons. — Culture des champignons, avec l'indication d'une nouvelle méthode pour en obtenir en tous lieux par l'emploi de la mousse, etc., par SALLE, 4ᵉ édit. 1 vol. in-18, orné de 20 fig. dans le texte. . . . . 1 fr.

Champignons. — La culture en plein air, dans les caves et dans les carrières, par LAIZIER. In-18, orné de 7 fig. . . . . 60 c.

Cyclamen. — Description et culture, par un amateur. 1 vol. in-18, orné de fig. 50 c.

Fraisier. — Sa culture en pleine terre suivie d'un choix des meilleures variétés à cultiver, par le comte DE LAMBERTYE. 1 vol. in-18. . . . . 1 fr.

Jardin fleuriste (*Le*). — Instructions pour la culture des plantes annuelles, bisannuelles, vivaces; fougères; plantes à feuilles ornementales; oignons à fleurs; arbrisseaux, arbres et arbustes, par LEMAIRE, LEQUIEN, BOSSIN, BERNARDIN, comte DU BUYSSON, PALMER, PORCHER, RIVIÈRE fils aîné, etc., revu et complété par A. RIVIÈRE, ex-jardinier en chef du Luxembourg, 3ᵉ édit. 1 vol. in-18, orné de nombreuses fig. dans le texte. 3 fr. 50

Jardinage. — Éléments de jardinage pouvant convenir aux provinces du nord, de l'est, de l'ouest et du centre de la France, par le comte DE LAMBERTYE. 1 vol. in-18, orné de fig. dans le texte. . . . . 1 fr.

Jardinier illustré (*Le Nouveau*). — Ouvrage pratique pour la culture et la taille des arbres fruitiers; la culture ordinaire et forcée des légumes; des plantes de pleine terre, de serre froide et tempérée, de serre chaude, par MM. HÉRINCQ, LAVALLÉE, NEUMANN, VERLOT, COURTOIS-GÉRARD, PAVARD, BOREL et HARJOT, revu et corrigé par l'éditeur. 1 vol. in-18, de 1,760 pages, orné de 580 fig. dans le texte, dessinées par MM. Courtin, Faguet et Riocreux. — Admis pour les Bibliothèques scolaires. 7 fr.

Légumes en pleine terre sans abris. — Conseils sur les semis de graines, de légumes, pouvant convenir aux départements du nord, de l'est, du nord-ouest et du centre de la France, par le comte DE LAMBERTYE. 4ᵉ édit. In-18. . . . . 1 fr.
Admis pour les Bibliothèques scolaires.

Légumes et fleurs. — Conseils sur leur culture, sous un, deux ou trois châssis, pendant les douze mois de l'année, pouvant convenir aux provinces du nord, de l'est, de l'ouest et du centre de la France, par le comte DE LAMBERTYE. In-18, orné de 6 fig. 1 fr.

Melons (*Culture des*), méthode simple et précise pour obtenir les melons d'une grosseur extraordinaire, etc., par DUFOUR DE VILLEROSE, 4ᵉ édit. 1 vol. in-18, orné de 23 grav. 1 fr.
Admis pour les Bibliothèques scolaires.

Poirier et Pommier. — Semis, plantation et culture dans les champs et les vergers, suivis d'une notice sur la fabrication du cidre et sur les préparations alimentaires des poires et des pommes, par Ferdinand MAUDUIT. 1 vol. in-18, orné de 24 fig. . . 1 fr. 25
Admis pour les Bibliothèques scolaires.

Rosier. — Semis, culture et taille, par un amateur. 1 vol. in-18, avec fig. dans le texte. . . . . 1 fr. 50

Rosiériste. — Aide-mémoire pour les soins à donner aux rosiers forcés et de pleine terre, pendant toute l'année. In-18. . . . . 50 c.

NOTA. — Le catalogue complet de la librairie sera envoyé *franco* sur demande *affranchie*. — M. GOIN se charge de fournir, aux conditions détaillées à la première page de son catalogue général, les ouvrages de DROIT, de LITTÉRATURE ANCIENNE et MODERNE, de MÉDECINE, de SCIENCES DIVERSES, dont on voudra bien lui faire la demande (*Écrire franco*).

Tours, imprimerie DESLIS Frères, rue Gambetta, 6.

www.ingramcontent.com/pod-product-compliance
Lightning Source LLC
Chambersburg PA
CBHW062036200326
41519CB00017B/5053